L. BERTIN

INGÉNIEUR DES CONSTRUCTIONS NAVALES
ANCIEN DIRECTEUR DE L'ÉCOLE DU GÉNIE MARITIME
DIRECTEUR DU MATÉRIEL

LA MARINE

DES

ÉTATS-UNIS

PARIS

E. BERNARD & CIE, IMPRIMEURS-ÉDITEURS

53 ter, quai des Grands-Augustins, 53 ter

—

1896

TABLE DES PLANCHES

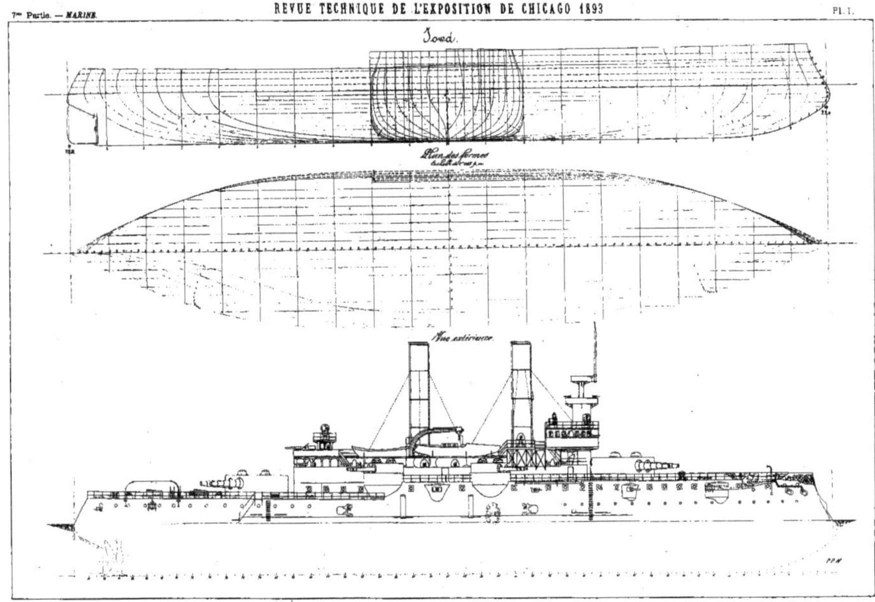
Nord.
Plan des formes
Vue extérieure.

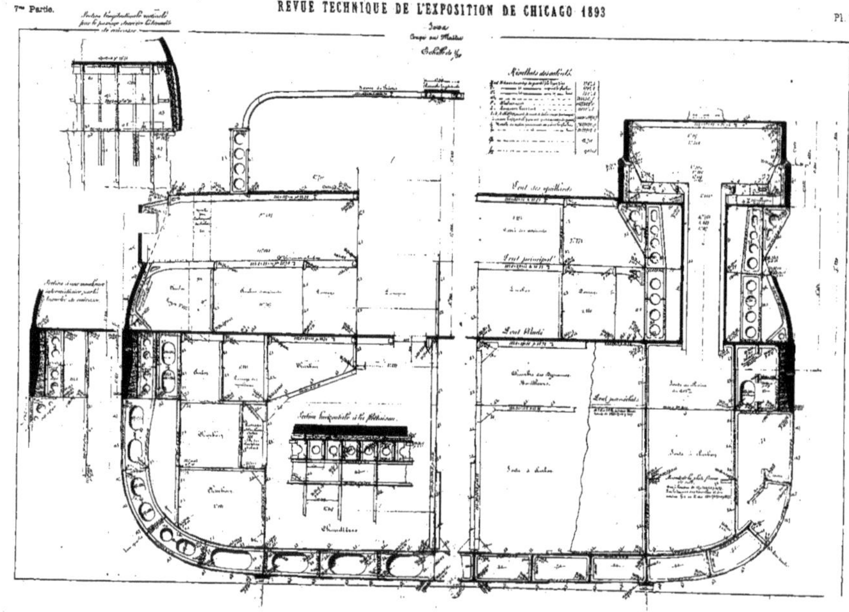

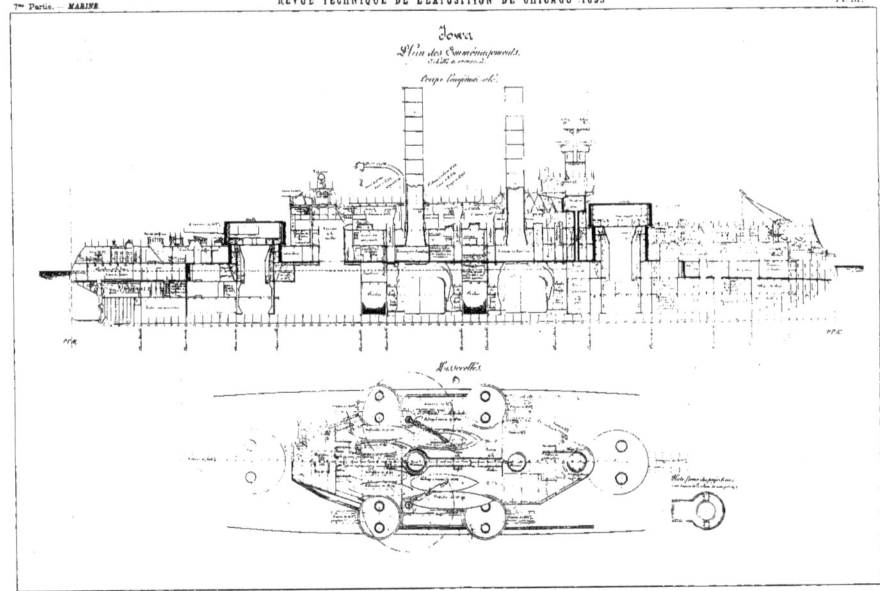
Iowa
Plan des Emménagements.
Coupe longitudinale.
Passerelles.

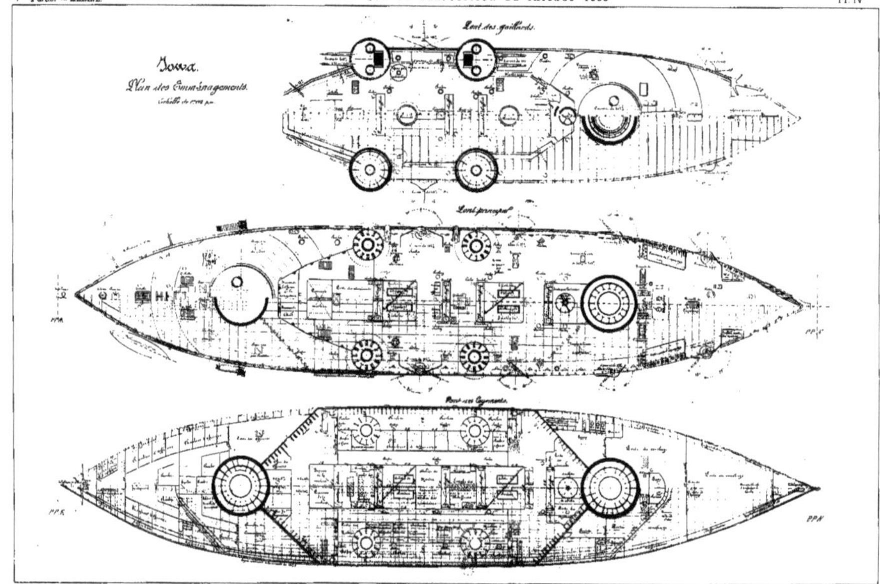
Iowa.
Plan des Emménagements.
Pont des gaillards.
Pont principal.
Pont des Gymnastes.

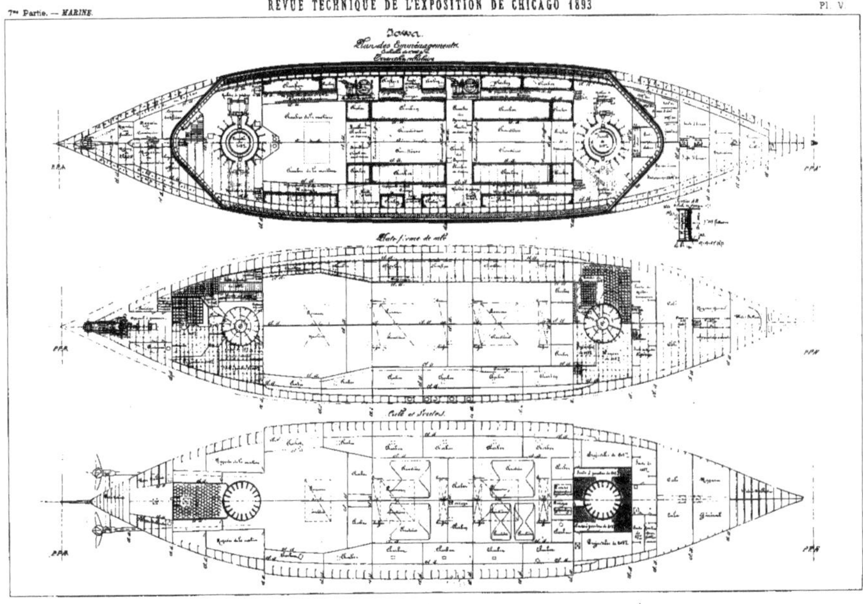

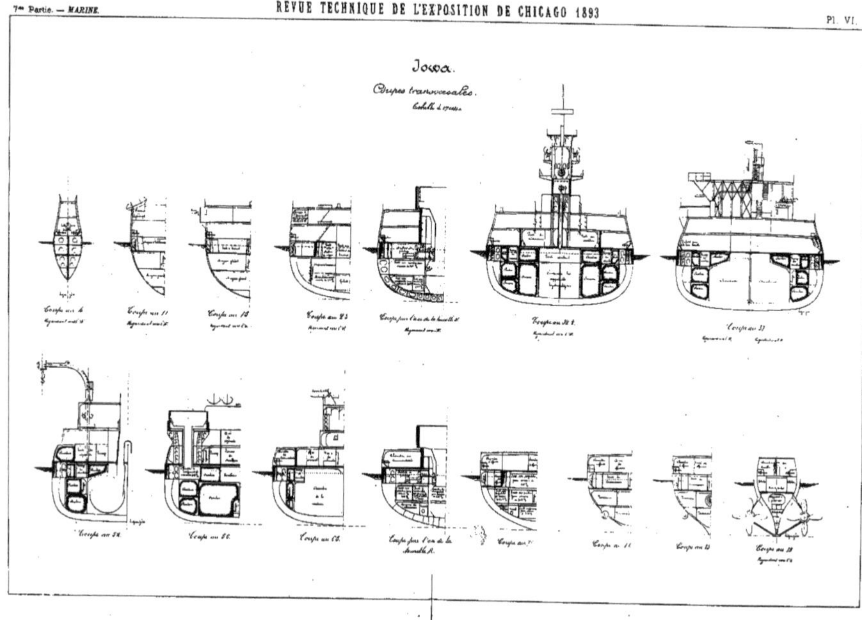
Iowa.
Coupes transversales.

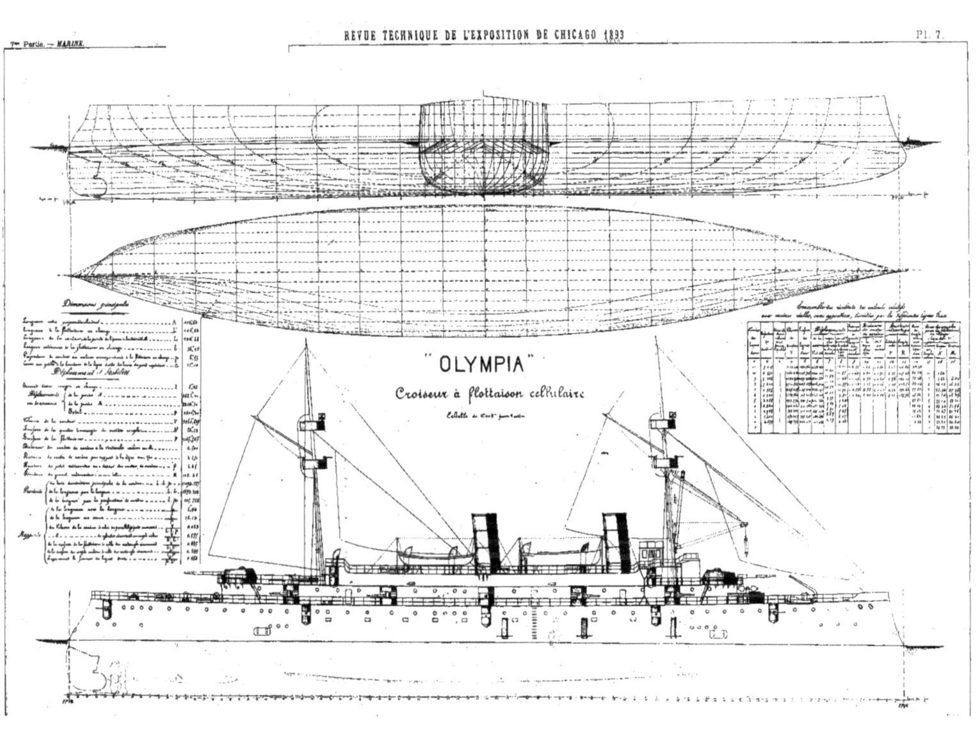
"OLYMPIA"
Croiseur à flottaison cellulaire

Olympia.
Croiseur à flottaison cellulaire.
Échelle de 1/25
Coupe au Maître.
Charbon
Coffadam
Passage
Passage des arbres.
Charbon.
Dimensions principales.
Longueur hors tout
Largeur au fort
Creux au fond de cendre, au milieu, à la ligne droite des dessus du pont
Profondeur du centre
Calculs de la résistance à la flexion longitudinale
Distance du centre de gravité à la ligne jice
au point le plus bas.
au point le plus haut
Déplacement
Longueur hors tout
Moment d'inertie par rapport à la ligne jice
Moment d'inertie de la coupe par rapport à un axe horizontal passant par son centre de gravité
Module de section par rapport au point le plus bas
au point le plus haut

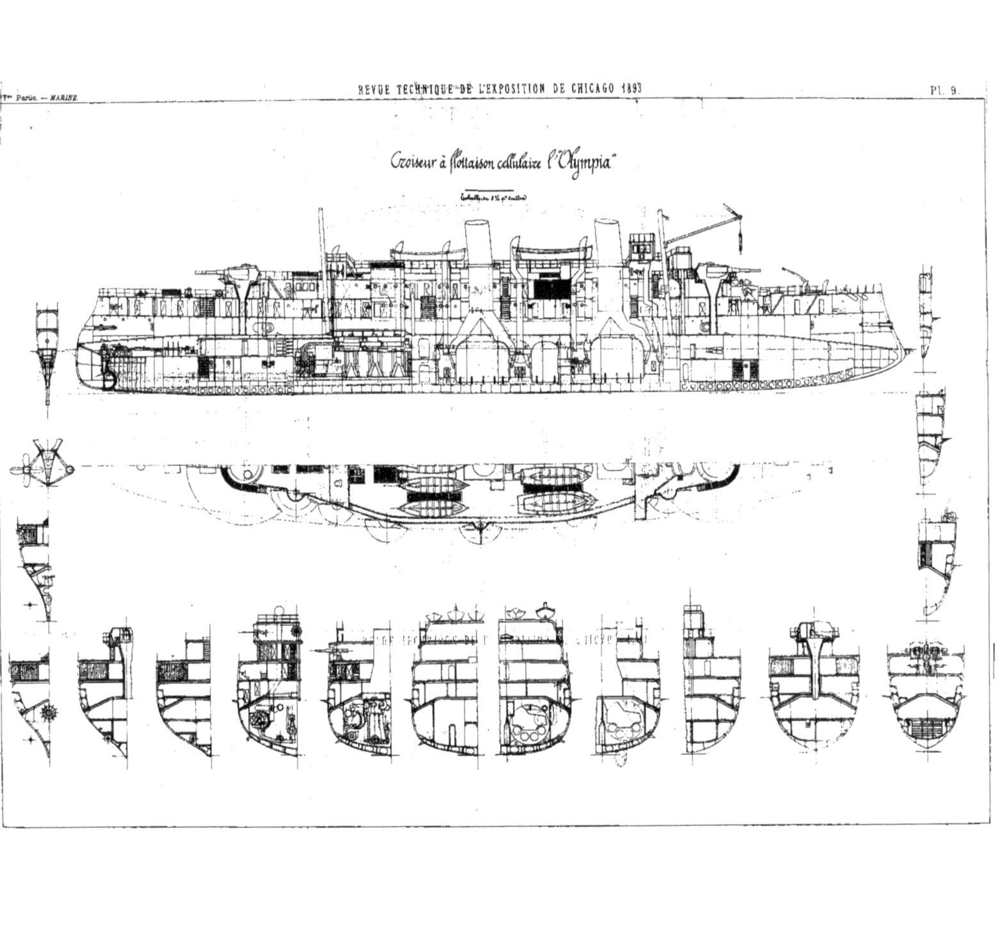
Croiseur à flottaison cellulaire l'"Olympia"

Croiseur à flottaison cellulaire l'*Olympia*.

Échelle de 1 p.ᵐ pᵉ.

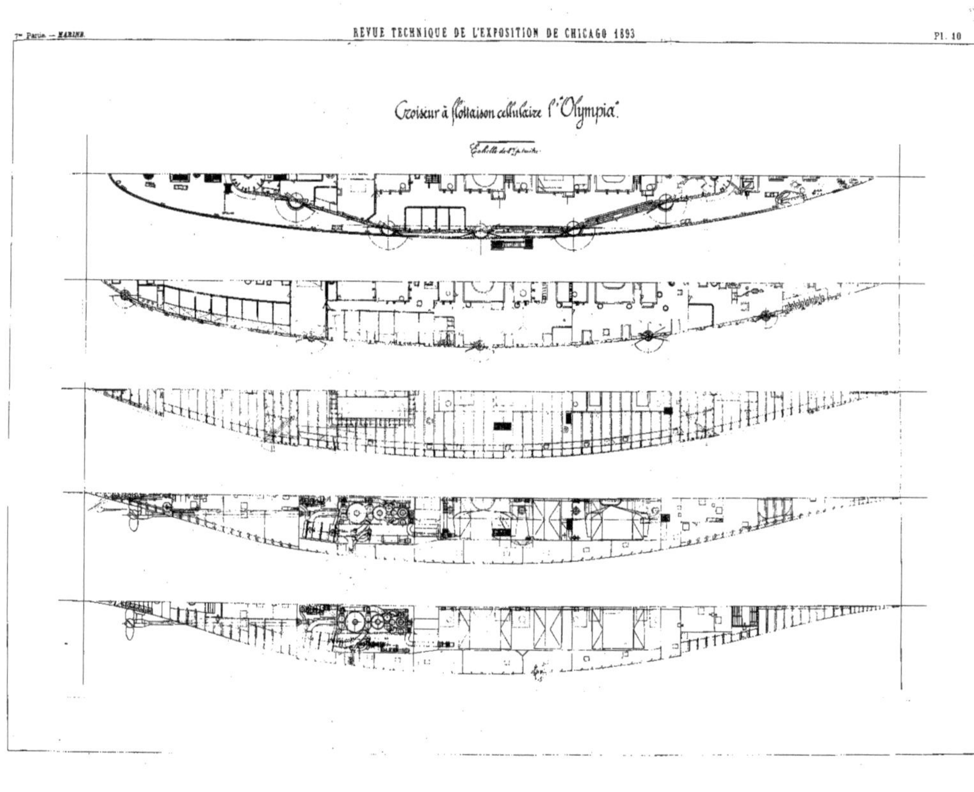

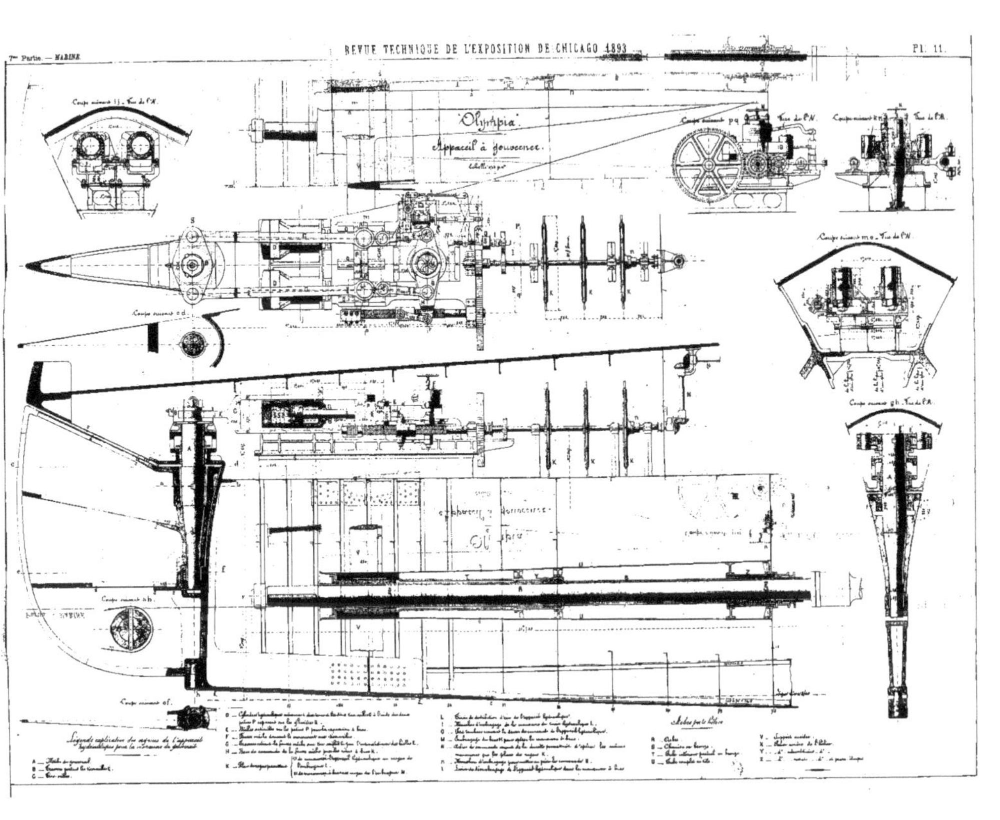
"Olympia"
Appareil à gouverner.

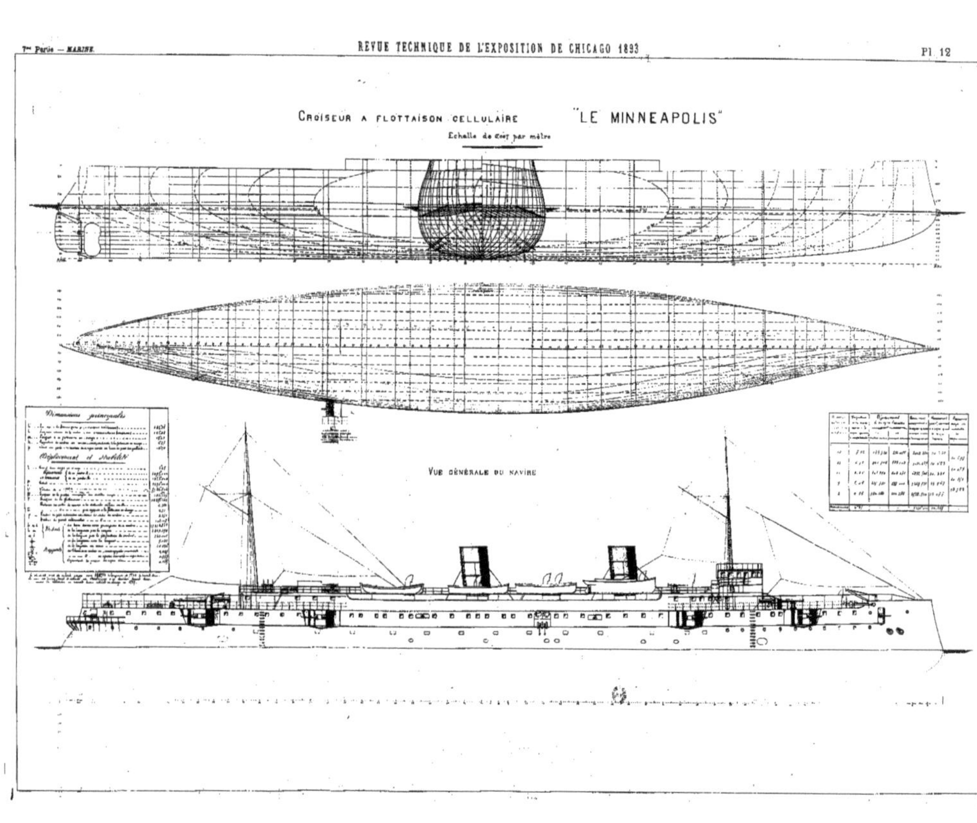
CROISEUR A FLOTTAISON CELLULAIRE   "LE MINNEAPOLIS"
Echelle de 0m01 par mètre
VUE GÉNÉRALE DU NAVIRE
Dimensions principales
Déplacement et stabilité

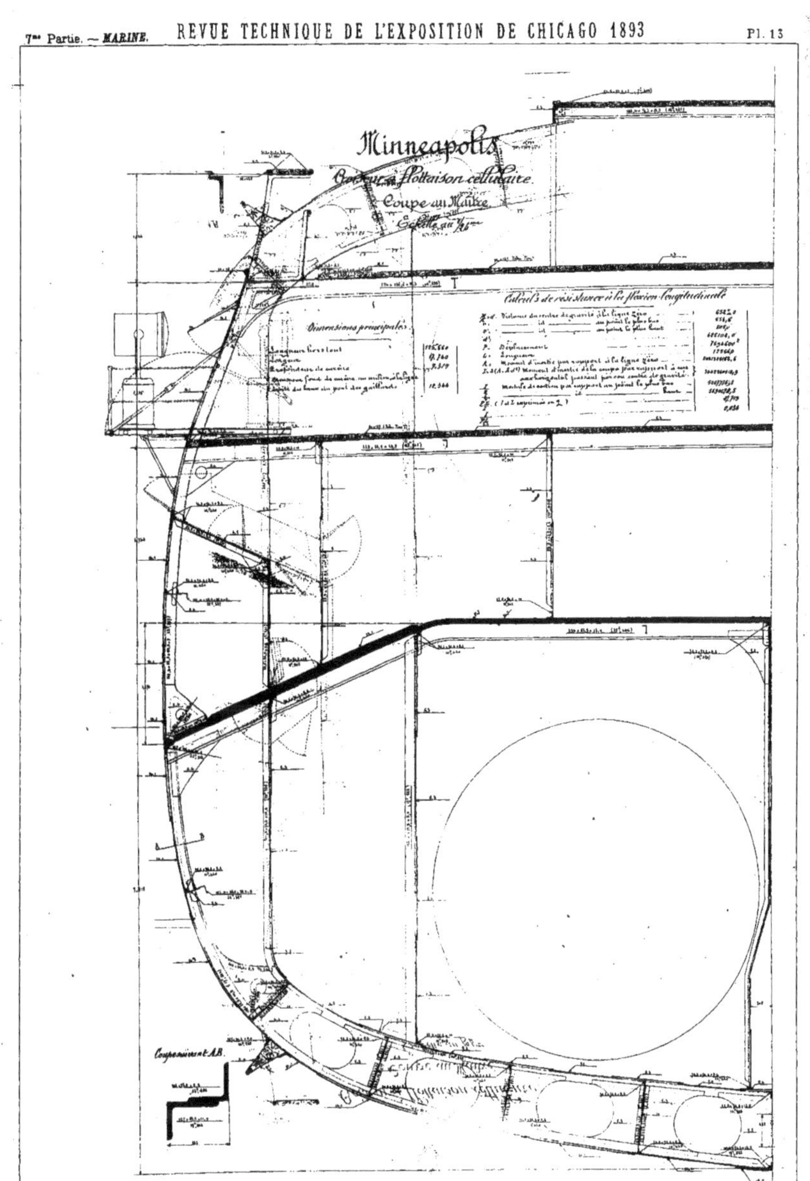
Minneapolis
Vapeur à flottaison cellulaire.
Coupe au Maître.
Échelle au
Dimensions principales.
Calculs de résistance à la flexion longitudinale.
Coupe suivant AB.

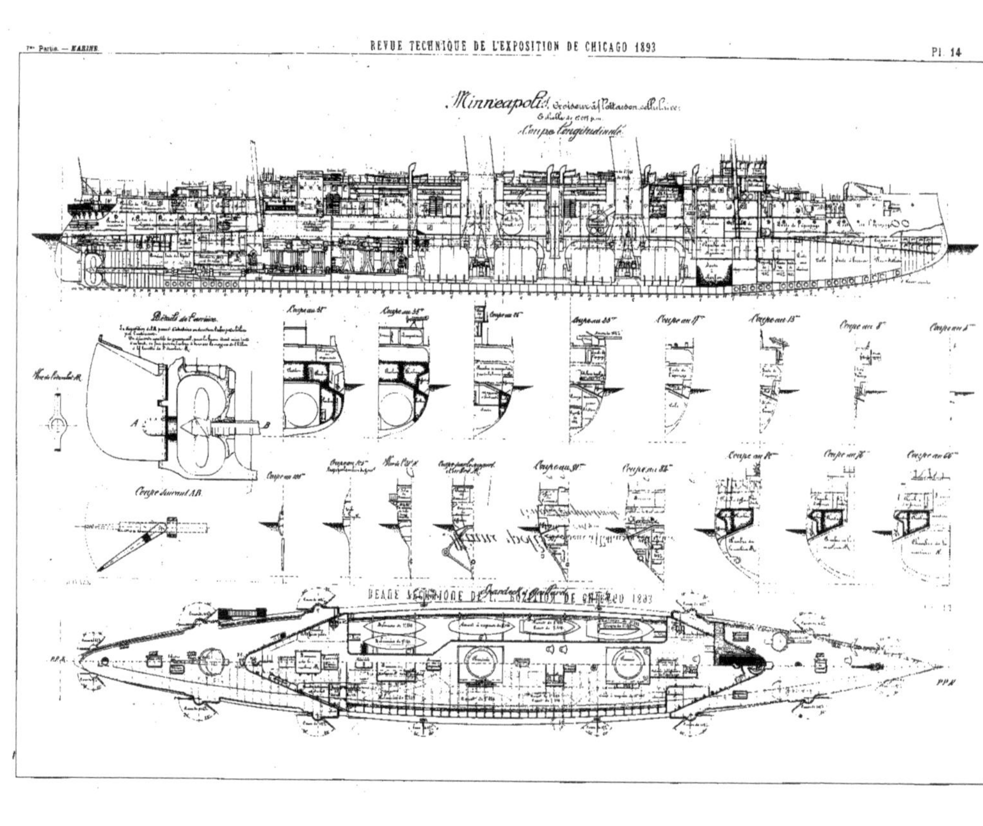
Minneapolis
Coupe longitudinale
Détails de l'arrière
Coupe suivant AB.

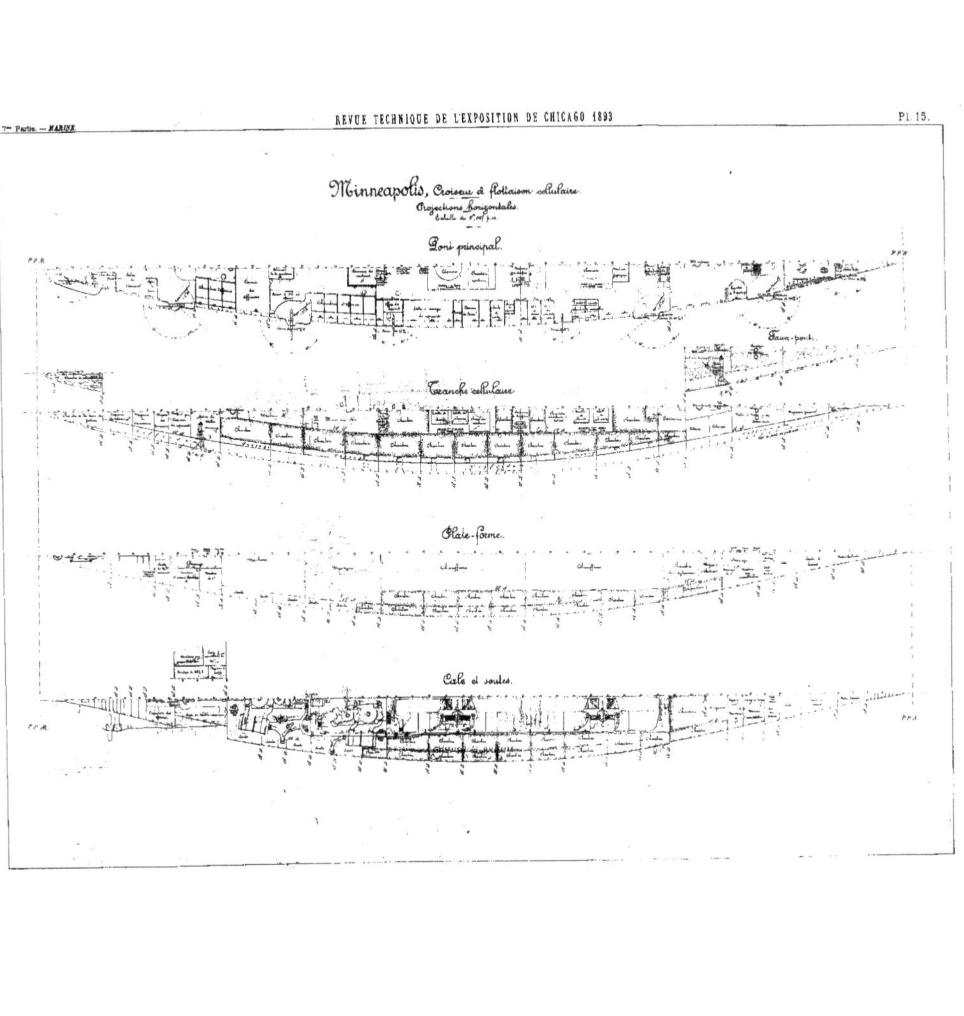
Minneapolis, Croiseur à flottaison cellulaire.
Projections horizontales.
Échelle du 1er au 5e.
Pont principal.
Faux-pont.
Tranche cellulaire.
Plate-forme.
Cale et soutes.

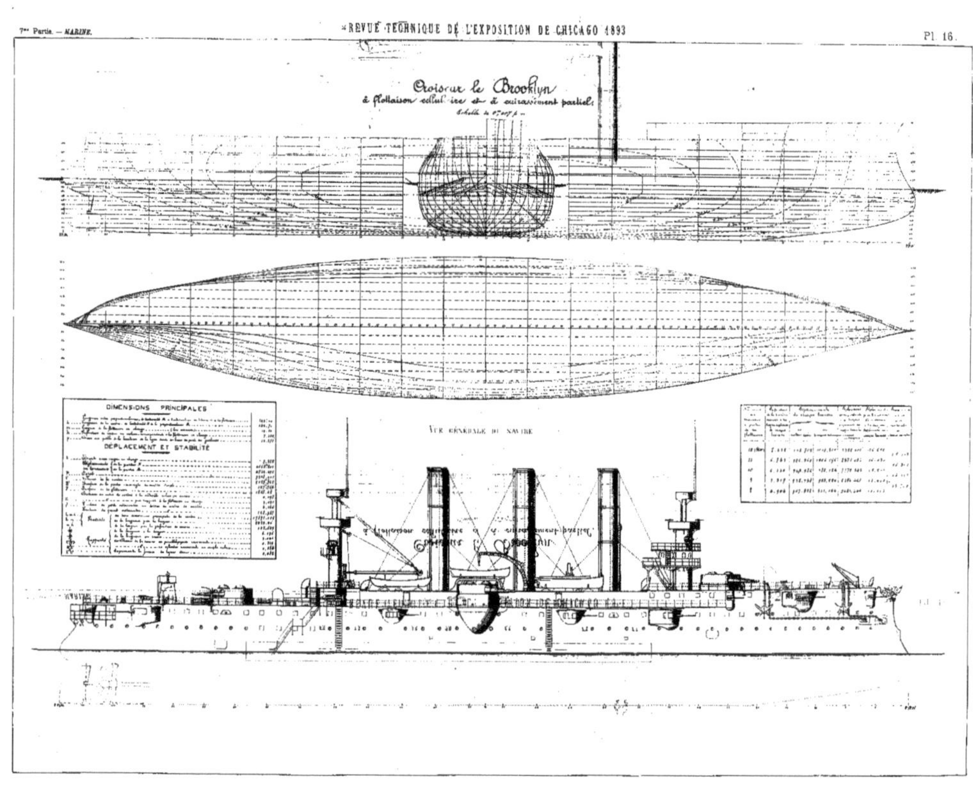
Croiseur le Brooklyn
à flottaison cellul ire st à cuirassement partiel
VUE GÉNÉRALE DU NAVIRE
DIMENSIONS PRINCIPALES
DÉPLACEMENT ET STABILITÉ

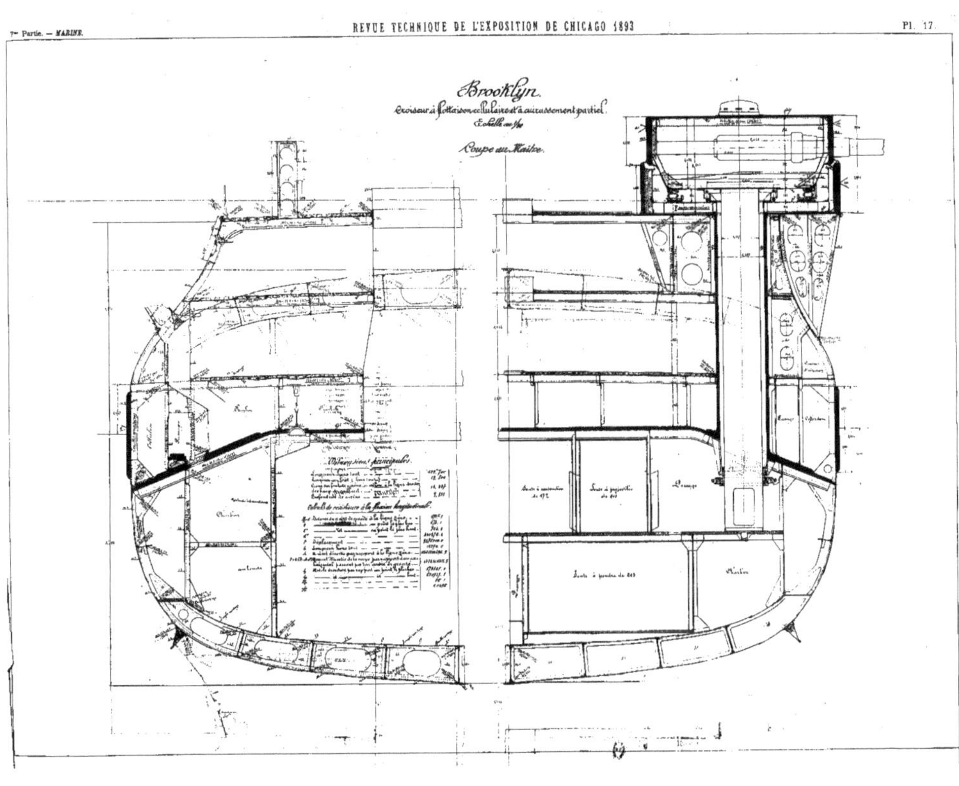

Brooklyn.
Croiseur à flottaison cellulaire et à cuirassement partiel.
Echelle au 1/40.
Coupe au Maître.

Brooklyn.
Détails de tourelle de 203ᵐ.
Échelle 1/30.

Coupe longitudinale.

1/2 projection horizontale (vue de dessus.)

1/2 coupe passant par l'axe des canons.

Coupe suivant BCDE.

Détails des galets A.
Échelle 1/8.

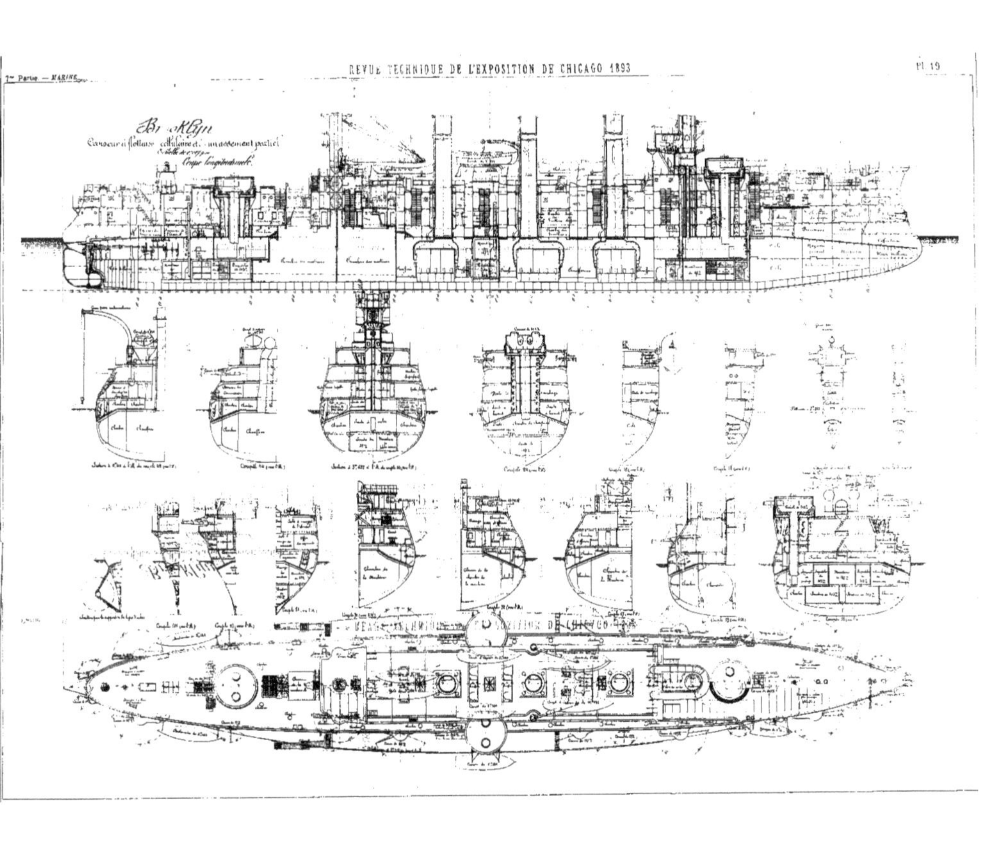
Brooklyn
Croiseur à flottaison cellulaire et cuirassement partiel
Échelle de...
Coupe longitudinale.

Brooklyn

Projections horizontales.
Échelle de 0m075.

Pont des Gaillards.

Batterie haute.

Batterie basse.

Tranche cellulaire.

Plate-forme de cale.

Cale.

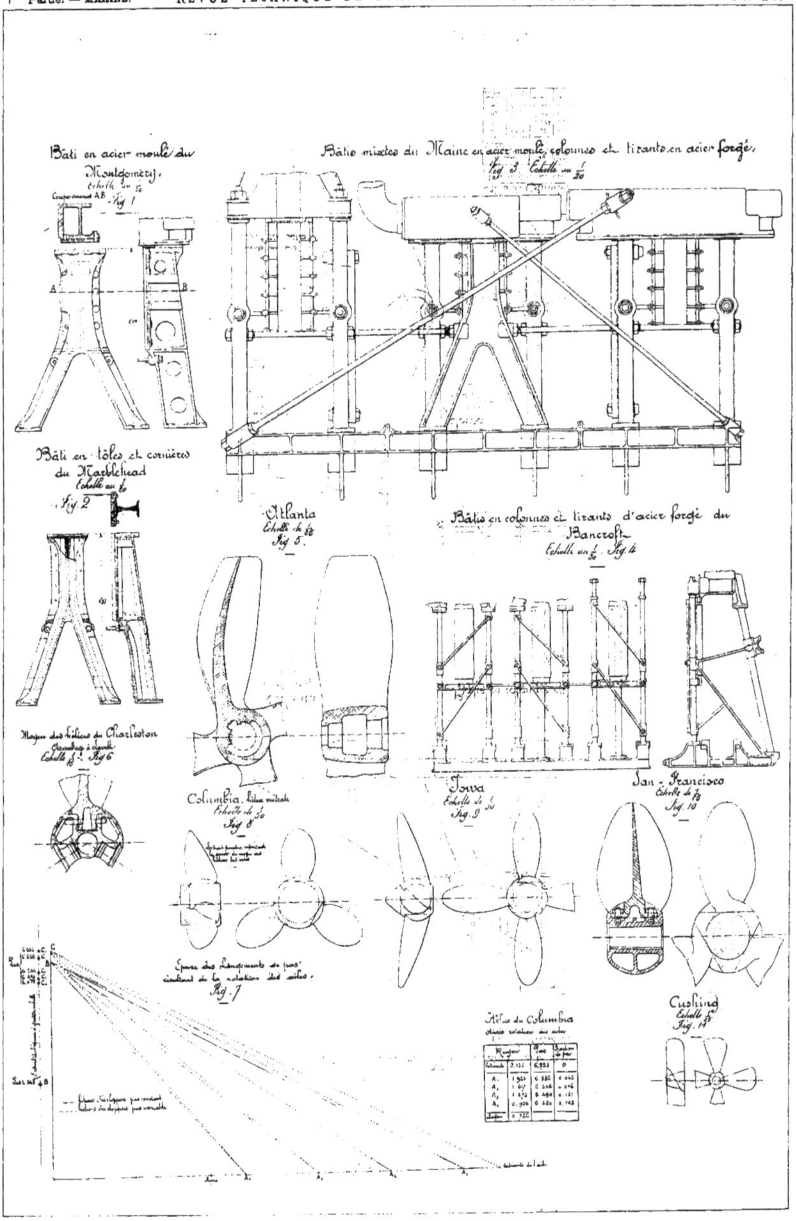

Bâti en acier moulé du Montgomery.
Coupe suivant AB. Fig. 1
Bâtis mixtes du Maine en acier moulé, colonnes et tirants en acier forgé.
Fig. 3
Bâti en tôles et cornières du Marblehead.
Fig. 2
Atlanta
Fig. 5
Bâtis en colonnes et tirants d'acier forgé du Bancroft.
Fig. 4
Moyeu des hélices du Charleston
Fig. 6
Columbia
Fig. 8
Iowa
Fig. 9
San-Francisco
Fig. 10
Épure des lancements de pas tenant de la rotation des hélices.
Fig. 7
Cushing
Fig. 11
Hélice du Columbia

Essai du Columbia
18 Novembre 1893
Fig. 1

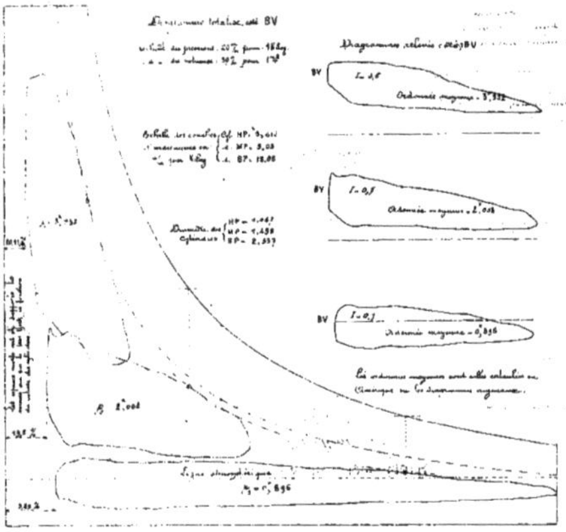

Essais du Cushing.
Fig. 3

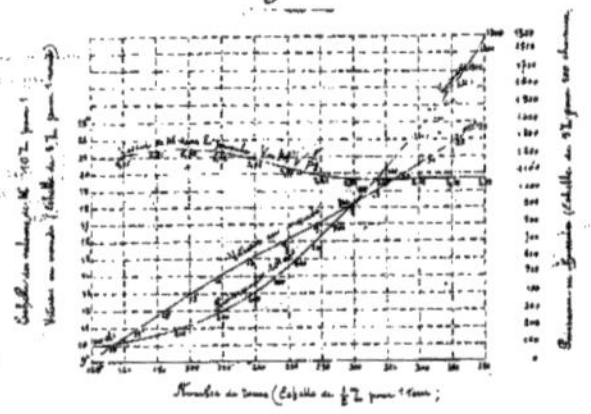

Essais du Bancroft.
Fig. 4

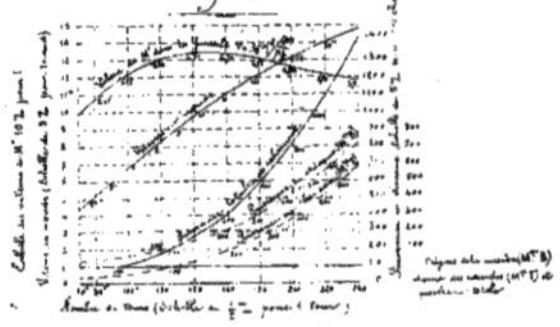

Tableau relatif aux fig. 1 et 2

		Rapports				
		[illegible]	[illegible]	[illegible]	[illegible]	[illegible]
New-York	HP	[illegible]	[illegible]	[illegible]	[illegible]	[illegible]
	MP	[illegible]	[illegible]	[illegible]	[illegible]	[illegible]
	BP	[illegible]	[illegible]		[illegible]	[illegible]
Columbia	HP	[illegible]	[illegible]	[illegible]	[illegible]	[illegible]
	MP	[illegible]	[illegible]		[illegible]	[illegible]
	BP	[illegible]	[illegible]		[illegible]	[illegible]

Essais du New-York
22 Mai 1893
Fig. 2

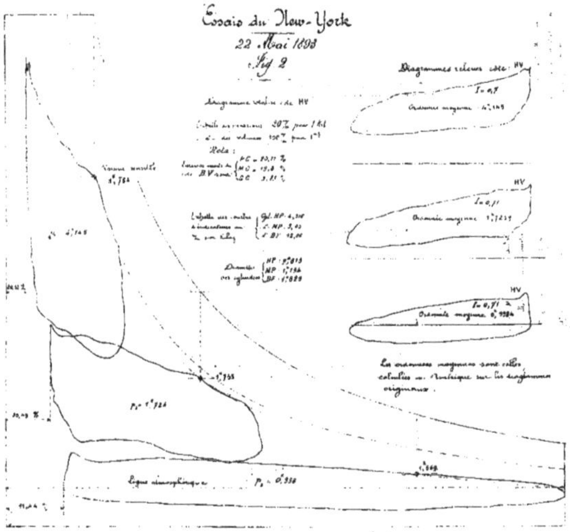

Bagues de piston du Columbia

Disposition projetée
Fig. 5

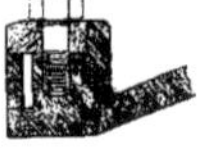

Disposition adoptée
Fig. 5bis

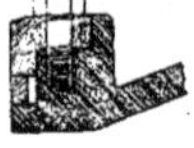

Jaquette intérieure d'un cylindre.
Fig. 6

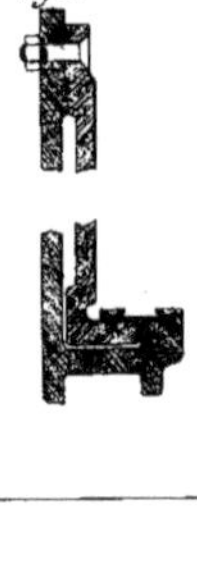

FIGURES DIVERSES RELATIVES AUX CHAUDIÈRES

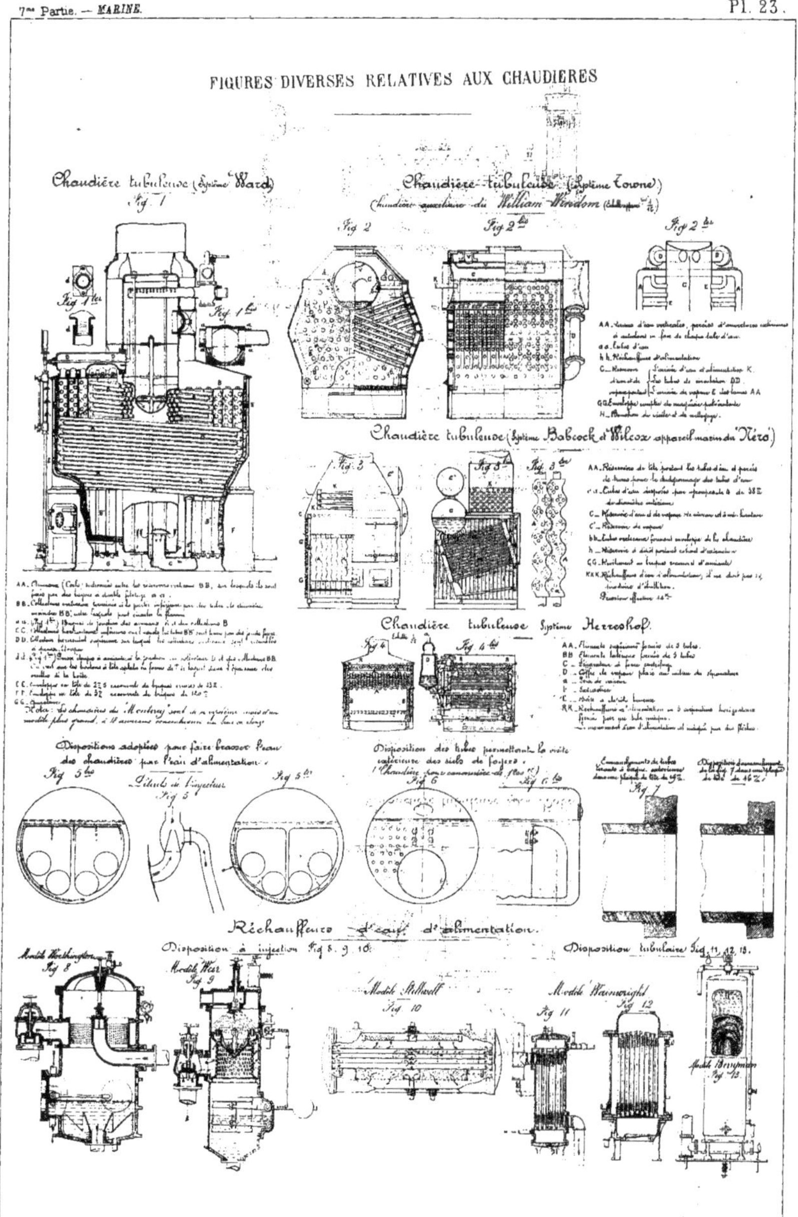

Condenseurs des machines principales du Columbia

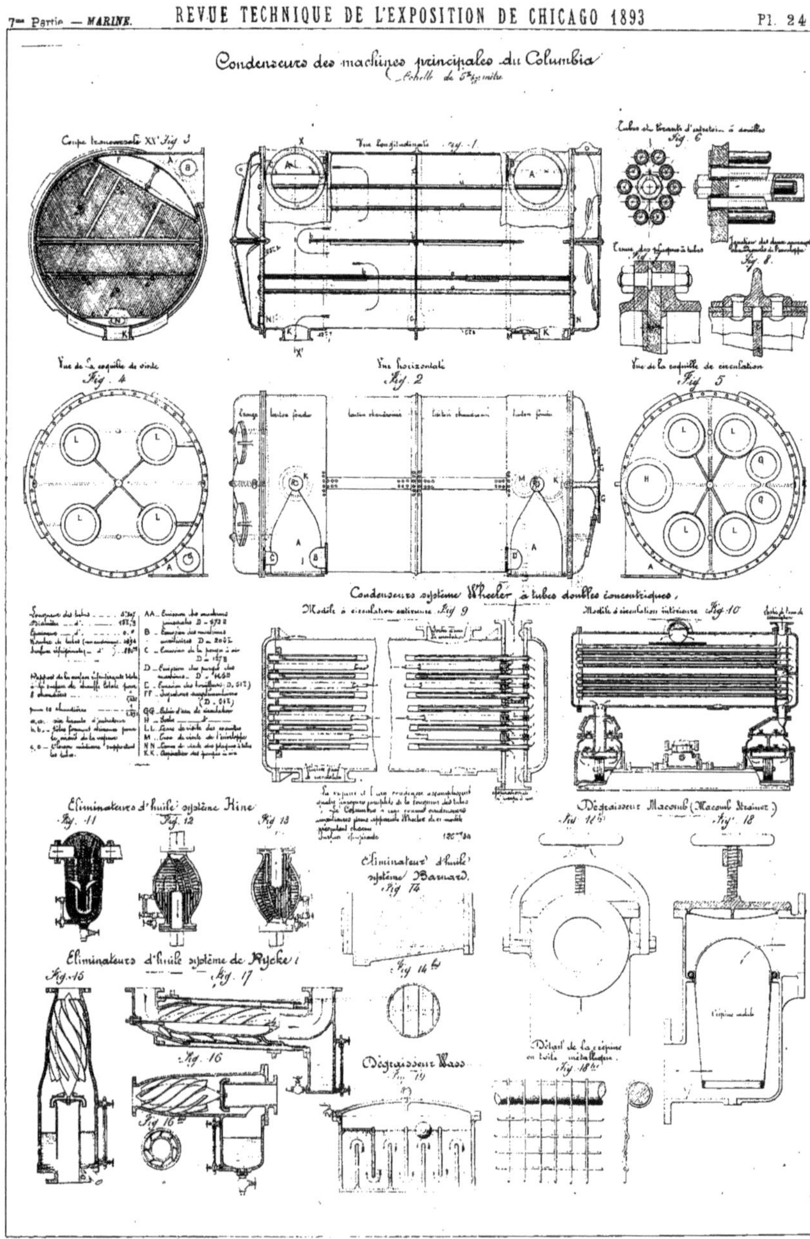

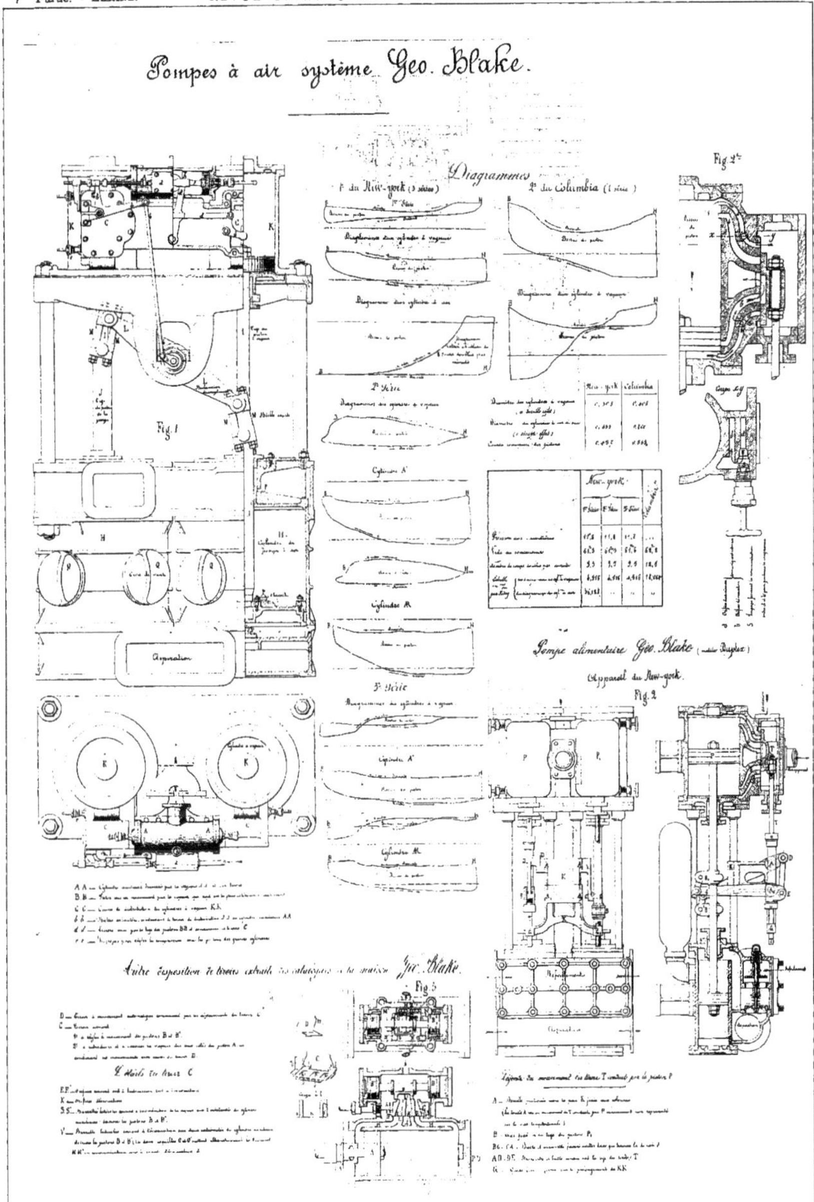
Pompes à air système Geo. Blake.
Diagrammes
Pompe alimentaire Geo. Blake
Fig. 1
Fig. 2
Fig. 3

PRESSE-ETOUPES A JEU LATERAL SYSTEME JEROME.

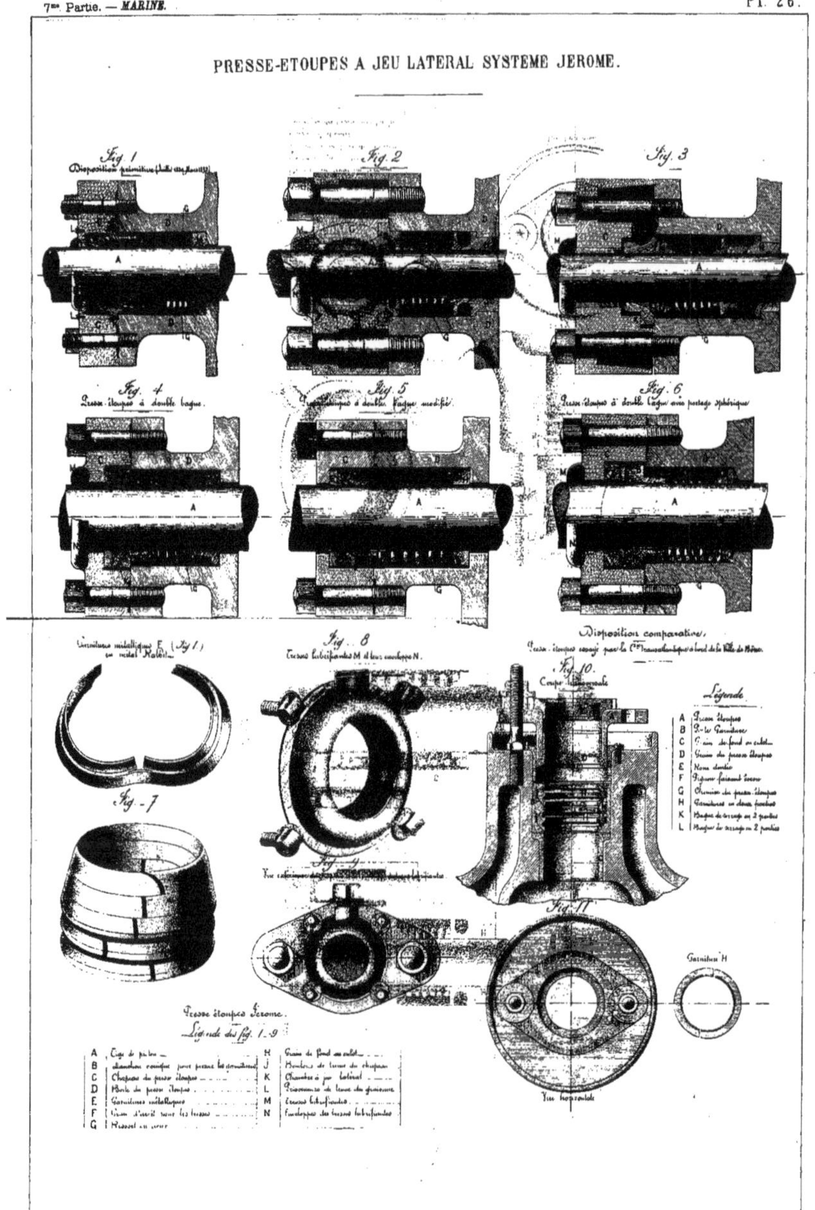

Croiseur "Columbia"
Machines, Chaudières, Coupes et Vues diverses
Échelle de 1/50

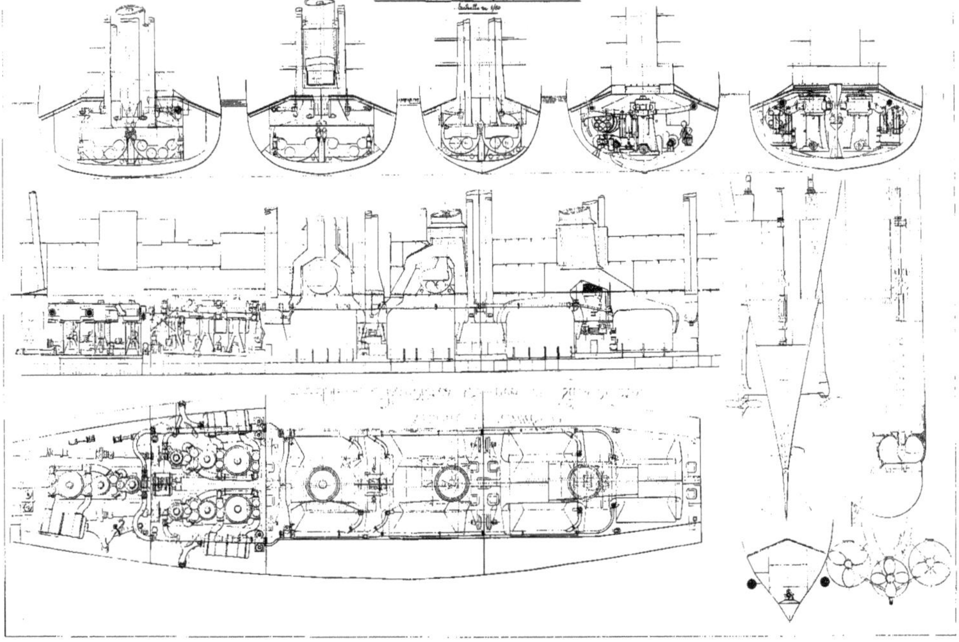

Croiseur "Columbia"

Machine

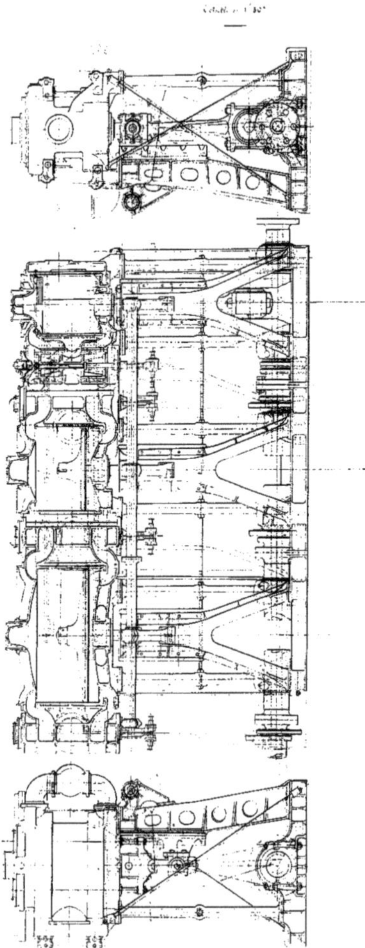

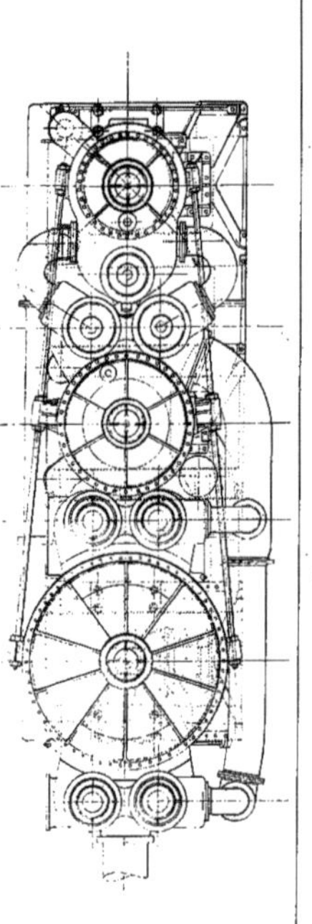

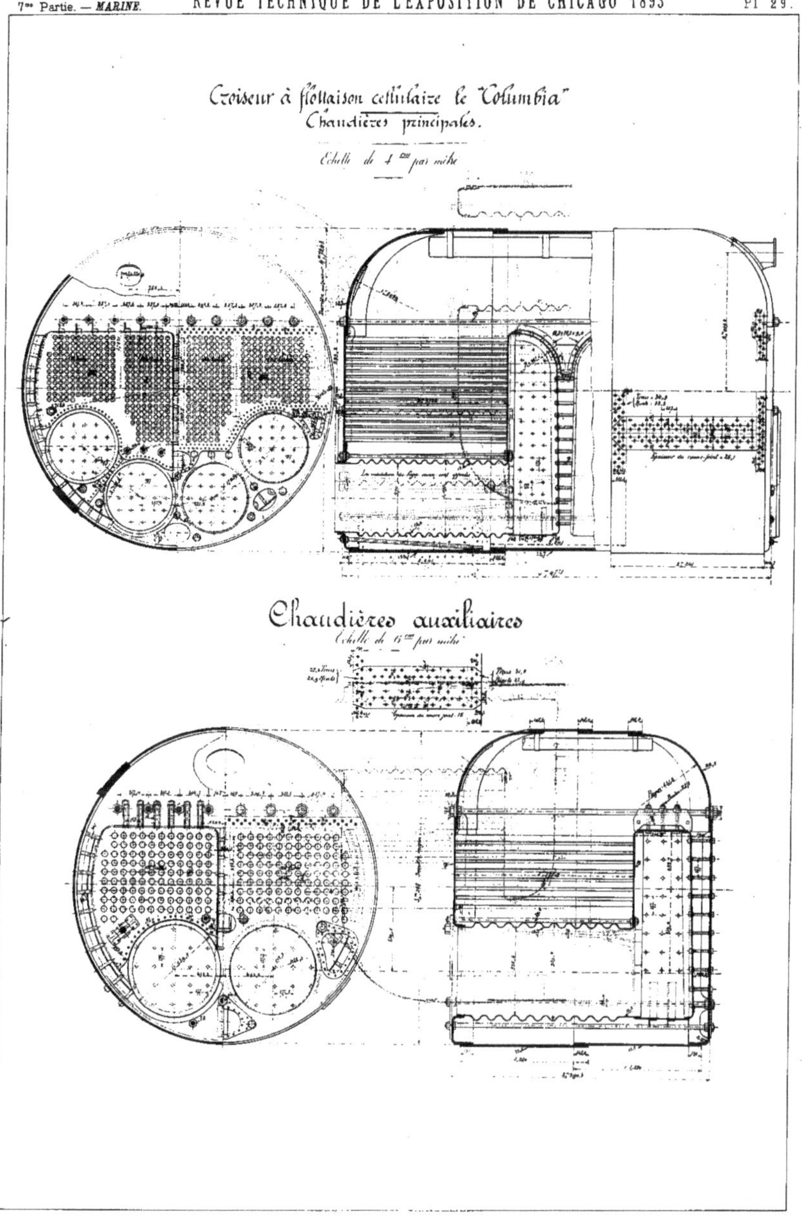

Croiseur à flottaison cellulaire le "Columbia"
Chaudières principales.
Echelle de 4ᵐ par mètre
Chaudières auxiliaires
Echelle de 5ᵐ par mètre

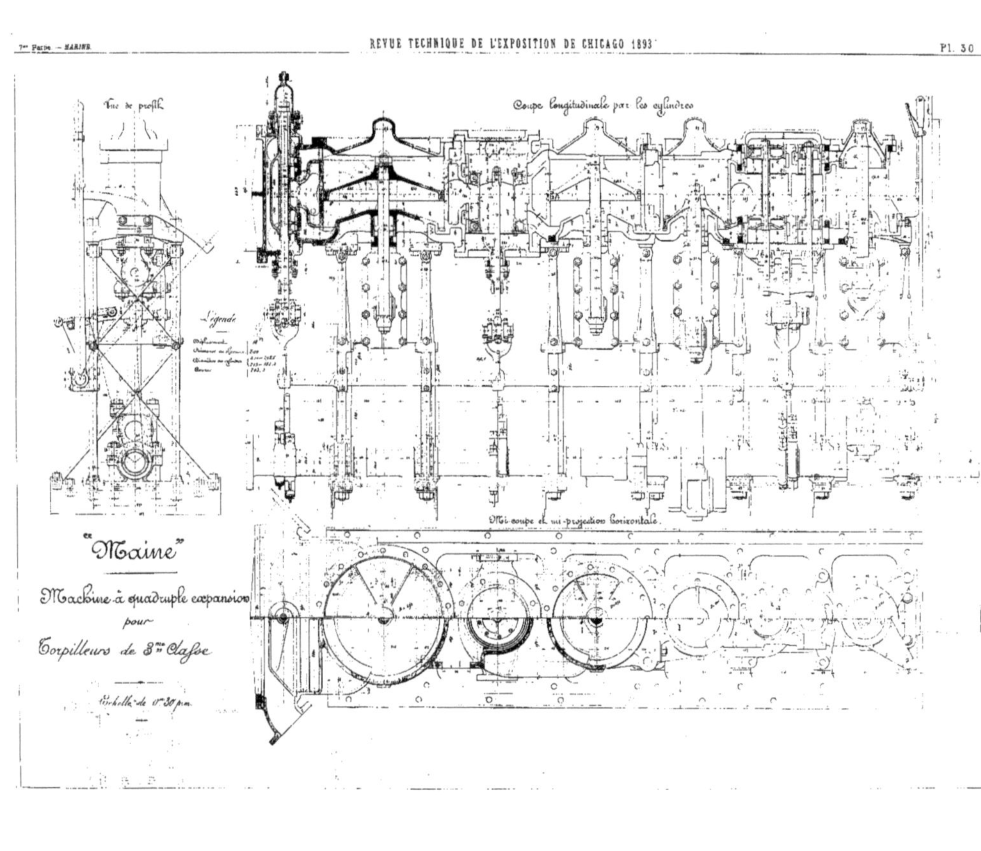
Vue de profil
Coupe longitudinale par les cylindres
Légende
Mi-coupe et mi-projection horizontale
"Maine"
Machine à quadruple expansion
pour
Torpilleurs de 3ᵐᵉ Classe
Échelle de 0ᵐ30 p.m.

www.ingramcontent.com/pod-product-compliance
Ingram Content Group UK Ltd.
Pitfield, Milton Keynes, MK11 3LW, UK
UKHW021201140726
13695UKWH00005B/2276